AF603117

CATALOGUE

DES

ARBRES, ARBRISSEAUX,

ARBUSTES ET PLANTES VIVACES.

PARIS. — IMPRIMERIE DE FAIN, RUE RACINE, N°. ,
PLACE DE L'ODÉON.

CATALOGUE

DES

ARBRES, ARBRISSEAUX,

ARBUSTES ET PLANTES VIVACES,

CULTIVÉS EN PLEINE TERRE

A BALEINE, PRÈS MOULINS,

DÉPARTEMENT DE L'ALLIER.

PAR Mme. AGLAÉ ADANSON.

PARIS,

AUDOT, LIBRAIRE, RUE DES MAÇONS-SORBONNE, No. 10.

1825.

EXPLICATION DES SIGNES.

Afr.	Afrique.
All.	Allemagne.
Alp.	Alpes.
Am. m.	Amérique méridionale.
Am. sept.	Amérique septentrionale.
Ang.	Angleterre.
Aut.	Autriche.
Barb.	Barbarie.
Can.	Canada.
Carol.	Caroline.
Chil.	Chili.
Chin.	Chine.
Const.	Constantinople.
Esp.	Espagne.
Eur.	Europe.
Eur. m.	Europe méridionale.
F.	France.
F. m.	France méridionale.
Flor.	Floride.
Hong.	Hongrie.
Jap.	Japon.
Ind.	Inde.
Ita.	Italie.
Lev.	Levant.
Mex.	Mexique.
Mont.	Montagnes.
N.	Nord.
Pensyl.	Pensylvanie.

Port.	Portugal.
Pyr.	Pyrénées.
Rus.	Russie.
Sib.	Sibérie.
Suis.	Suisse.
V.	Voyez.
Virg.	Virginie.
or.	*Orangerie* ; parce que j'ai inséré dans ce Catalogue quelques plantes d'orangerie peu délicates, qui fleurissent dans le courant de l'été, et dont j'enterre les pots sur le devant de mes massifs.
}	après les noms indique que ce sont des variétés de la même espèce.
?	indique que j'ignore le lieu.

Dans chaque espèce, j'ai mis à la suite les unes des autres les variétés qui appartiennent à chaque pays.

J'ai indiqué aussi quelques variétés *franches de pied*, qu'on ne trouve que greffées dans le commerce, parce que je les ai obtenues de graines venues chez moi, et qui ne mûrissent pas ordinairement en France, ce que je regarde comme le *complément de l'acclimatation*.

CATALOGUE

DES ARBRES, ARBUSTES, ARBRISSEAUX, ET PLANTES VIVACES.

ARBRES, ARBUSTES ET ARBRISSEAUX.

A.

Abies alba. A. taxifolia.	*F. mont.*
— picea.	*N. de l'Eur.*
— nigra. A. mariana.	Id.
— alba d'Am.	*Am. sept.*
— balsamea.	*Virg.*
— hemlock-spruce. A canedensis. A. americana, *ou* pinus canadensis.	*Am. sept.*

Acer campestre.	*F.*
— pseudo-platanus.	*F.*
— platanoïdes.	*Eur.*
— laciniatum.	

Acer monspesulanum. A. trilobatum. A. trifolium. *F. m.*

— hybridum. ?

— lobatum. ?

— opulifolium. *Alp.*

— opalus. A. rotundifolium, *franc de pied.* *Ita.*

— creticum. *Lev.*

— tartaricum.

— tomentosum. A. coccineum. A. eriocarpum. A. dasycarpum. *Virg.*

— saccharinum. *Pensyl.*

— spicatum. A. montanum. A parviflorum, *franc de pied.* *Am. sept.*

— striatum. A. pensylvanicum. A. canadense, *franc de pied.* *Can.*

— negundo. *Am. sept.*

— rubrum. *Virg.*

— nigrum. ?

— ligustrina. A. ovata. Borya ligustrina. *Am. sept.*

ADELIA acytodon.	*Jamaïque.*
ÆSCULUS hyppocastanum.	*Asie.*
— à fleur rouge.	
ALNUS communis.	*F.*
— laciniata.	
— viridis.	*Alp.*
— incana.	*Mont.*
— montana.	?
— glauca.	?
— cœruleata.	?
— rubra.	?
— oblongata.	*Eur. m.*
— serratula. A. rugosa.	*Pensyl.*
— macrophylla.	*Am. sept.*
— cordifolia. A. tilifolia.	?
ALTHÆA frutex. Hibiscus syriacus.	*Syrie.*
— à fleur simple, 3 couleurs.	
— à fleur double violette.	
— à fleur double blanche.	

AMORPHA fruticosa.	*Carol.*
AMYGDALUS nana.	*Asie et Rus.*
— sinensis à fleur double.	
— orientalis. A. argentea.	}
— à feuilles de saule. ?	}
— georgica.	
— incana.	?
— d'Ispahan.	
ANAGYRIS fœtida.	*F. m.*
ANDROMEDA axillaris major.	*Am. sept.*
— axillaris minor. A. Catesbœi.	*Carol. Virg.*
— caliculata.	*Can.*
— caliculata angustifolia. A. crispa.	*Am. sept.*
— arborea.	*Pensyl.*
— lucida. A. nitida. A. myrtifolia.	*Carol.*
— paniculata. A. ramosa.	Id.
— coriacea.	*Am. sept.*

Andromeda mariana. *Virg.*

— pulverulenta. *Flor.*

— cassinæfolia. A. dealbata Id.

— polifolia. *Alp.*

— polifolia angustifolia. A. rosmarinifolia. *Am. sept.*

Anona triloba. Orchidocarpum arietinum. Porcelia. *Am. sept.*

Anthillis barba Jovis. *Esp.*

Aralia spinosa. *Virg.*

Arbutus unedo. *F. m.*

— uva-ursi. *F. m.*

— alpina.

Aristlochia sipho. A. macrophylla. *Am. sept.*

ARISTOTELIA maqui.	*Chil.*
ARMENIACA nigra, à feuilles laciniées.	
ARTEMISIA abrotanum.	*F. m.*
ASPARAGUS acutifolius.	Id.
ATRAPHAXIS spinosa.	*Lev.*
AUCUBA Japonica.	
AYLANTHUS sinensis. A. glandulosa.	*Jap.*
AZALEA coccinea. A. coccinea minor.	*Am. sept.*
— aurantiana. A coccinea major.	Id.
— glauca.	Id.
— viscosa.	Id.
— nudiflora.	*Am. sept.*
— flammea. A. calendulacea.	Id.
— pontica.	
— vittata.	

AZALEA procumbens.	*Alp.*

B.

BACCHARIS halimifolia.	*Virg.*
BERBERIS vulgaris.	*F.*
— à fruit rouge.	
— à fruit violet.	
— à fruit sans pépins.	
— sinensis.	
— cretica.	
— sibirica.	
— canadensis.	
BETULA alba.	*F.*
— pendula.	
— urticifolia.	
— sibirica.	

— pubescens.	*Alp.*
— nana.	Id.
— populifolia.	*Am. sept.*
— lenta. B. carpinifolia. B. quercifolia.	Id.
— nigra. B. lanulosa. — laciniata.	*Can.*
— lutea.	*Am. sept.*
— dauica. B. excelsa canadensis.	*Can.*
— papyrifera. B. saccharifera.	*Am. sept.*
— pumila.	Id.
— pontica.	*Mer Noire.*

Bignonia capreolata.	*Am. sept.*

Broussonetia papyrifera. Morus papyrifera. — cochleata.	*Jap.*
Budleja globosa.	*Chil.*
Buphtalmum frutescens.	*Virg.*
Buplevrum fruticosum.	*F. m.*

Buxus sempervirens. B. arborescens. } *F. m.*

— suffruticosa.

— angustifolia.

— balearica.

C.

Callicarpa americana. *Carol.*

Calophaca volgarica. Cytisus volgaricus.

Calycanthus floridus. *Carol.*

— ferax. C. fertilis. C. Pensylvanicus.

Camellia japonica. Fleur rouge simple, or.

— rouge et blanc panaché, double.

Caprifolium peryclymenum.	F.
— à feuille de chêne panaché.	
— Hortense. Lonicera caprifolium.	Id.
— sempervirens. L. sempervirens.	*Am. sept.*
— flavum. L. flava.	*Carol.*
— etruscum. L. E.	
— balearicum. L. b.	
— parviflorum. L. p.	
— altaïcum. L. a.	
— xylostemum pyrenaïcum. L. p.	
— x. nigrum. L. n.	*F. m.*
— x. alpinum. L. alpigena.	*Alp.*
— x. cæruleum. L. c.	*Suisse.*
— x. tartaricum ; à fleurs roses.	
— x. t. à fleurs blanches.	
— x. t. à fleurs écarlates.	

Caragana arborescens. Robinia caragana.	*Sib.*
— pygmœa. R. p.	*Sib.*

Caragana jubata. R. j.	*Syr.*
— ferox. R. f.	*Daurie.*
— altagana. R. a.	Id.
— halodendron. R. h.	Id.
— chamlagu. R. c.	*Chin.*
— frutescens. R. f.	Id.
Carpinus betulus.	*F.*
— heterophylla. C. quercifolia.	
— ostrya. Ostrya vulgaris.	*Ital.*
— virginica. Ostrya virginica.	
Castanea vulgaris. C. vesca. Fagus castanea.	*F.*
— heterophylla.	
— americana.	*Am. sept.*
— pumila. Chincapin. Fagus pumila.	*Am. sept.*
Casuarina equisetifolia, or.	*les Ind.*
Catalpa communis. Bignonia catalpa.	*Carol.*
Ceanothus americanus.	*Virg.*

Ceanothus microphyllus. C. glaber.	*Am. sept.*
— cœruleus.	?
Celastrus scandens.	*Carol.*
Celtis australis.	*F. m.*
— orientalis.	
— occidentalis.	*Virg.*
— cordata. C. crassifolia.	*Am. sept.*
— aspera.	?
Cephalanthus occidentalis.	*Am. sept.*
Cersaus avium.	Id.
— avium à fleurs doubles.	
— à fleurs doubles.	Id.
— racemosa.	Id.
— nicotianæfolia.	*Ukraine.*
— semperflorens, *franc de pied.*	

CERASUS odorata. Prunus odorata.	*Eur.*
— chamæcerasus. C. sibirica. Prunus chamæcerasus.	*Alp.*
— pendula. nov. spec.	
— padus. Prunus padus. P. racemosa. P. avium. P. rubra.	*F.*
— virginiana. P. rubra. P. virginiana.	*Am. sept.*
— serotina. P. serotina. P. virginiana.	Id.
— caroliniana. P. caroliniana. Padus carolina.	*Carol. m.*
— lusitanica. Azarero.	*Pensyl. et Port.*
— laurocerasus.	*Lev.*

CERCIS siliquastrum.	*F. m.*
— à fleurs blanches.	
— canadensis.	
CESTRUM parqui. C. jamaïcense.	*les Antilles.*
CHIONANTHUS virginica.	
CYSSUS orientalis.	

Cistus ledon.	*F. m.*
— purpureus.	*Lev.*
— creticus.	
— ladaniferus.	}
— l. à feuilles ondulées.	}
— populifolius.	*Pyr.*
— villosus.	*Ita.*
— incanus.	?

Clematis vitalba.	*F.*
— flammula.	*F. m.*
— maritima.	Id.
— à fleurs blanches.	?
— viticella bleue, double.	} *Ita.*
— v. blanche.	}
— orientalis.	
— pulchella.	?
— sibirica. C. dioïca.	
— alpina. Atragene alpina.	

Clematis florida. A. indica.

— crispa. *Carol.*

— viorna. Id.

— virginica.

Clethra alnifolia. *Virg.*

— pubescens. C. tomentosa. Id.

— arborea. *Madère.*

Cneorum tricocum. *F. m.*

Colutea arborescens. } *F. m.*

— media. }

— orientalis.

— alepica. C. Istria. C. procokii. *Lev.*

— frutescens. *Éthiopie.*

Comptonia asplenifolia. *Am. sept.*

Corchorus japonicus.

Coriaria myrtifolia.	*F. m.*
Cornus sanguinea.	*F.*
— mascula.	Id.
— alba.	*Can.*
— cœrulea. C. sericea. C. ferruginea. C. amomum.	*Am. sept.*
— alternifolia.	Id.
— paniculata. C. racemosa. C. citrifolia.	Id.
— rugosa. C. circinata. C. virginiana.	Id.
— stricta. C. canadensis.	Id.
— florida.	Id.
— canadensis (qu'on vend souvent sous le nom d'*herbacea.*)	*Can.*
Coronilla emerus.	*F. m.*
— glauca.	Id.
— coronata.	Id.

CORYLUS avellana maxima. C. grandis. — *F.*

— rostrata. — *Am. sept.*

— americana.

— colura. C. byzantina. — *Lev.*

— à feuilles laciniées. — ?

CRATHÆGUS torminalis. — *F.*

— latifolia. C. dentata. — Id.

— aria. Allouchier. — Id.

— rotundifolia. Amelanchier commun.

— chamæmespilus. Mespilus chamæmespilus. — Id.

— umbellatus. — ?

— nova de Pologne.

— sorbifolia. — ?

— spicata. — *Can.*

— Canadensis. C. racemosa. C. botryapium. (C'est celui de Choisy.) — *Am. sept.*

CRATHÆGUS melanocarpa.	?
— ignola à fruit rouge.	?
CUNNINGHAMIA sinensis.	
CUPRESSUS sempervirens.	*Grèce.*
— horizontalis.	
— distichia.	*Am. sept.*
— thuyoïdes.	*Can.*
— australis.	*Ile de Norfolk.*
CYNANCHUM erectum.	*Syrie.*
CYTISUS laburnum.	*Alp.*
— latifolius.	
— lucidus.	
— nigricans.	*Ita.*
— purpureus.	Id.
— sessifolius. Trifolium,	Id.
— triflorus.	*Barb.*
— biflorus.	?

Cytisus spinosus. Spartium spinosum. *F. m.*

— supinus. Id.

— hirsutus. Id.

— argenteus. Id.

— hirsutus capitatus. *Alp.*

— capitatus. Id.

D.

Daphne laureola. *F.*

— mezereum à fleur pourpre. } Id.

— à fleur blanche. } Id.

— gnidium. *F. m.*

— tarton-raira. Id.

— alpina. *Alp.*

— cneorum. Id.

DAPHNE oleoïdes. D. salicifolia, or.	*Ita.*
— altaïca, *franc de pied.*	*Tartarie.*
— pontica, *franc de pied.*	*Mer Noire.*
— indica, or.	*Chin.*

DECUMARIA barbara. D. forsythia. Forsythia grimpante.	*Carol.*
DIERVILLA lutea. D. acadiensis. Lonicera diervilla.	*Am. sept.*
DYOSPYROS lotus.	*Ita.*
— calycinum.	?
— kaki.	*Jap.*
— virginiana.	
DIRCA palustris.	*Virg.*
DOLICHOS lignosus, or.	*Ind.*

E.

ELÆAGNUS angustifolius.	*F. m.*

Elæagnus orientalis.	*Lev.*
Empetrum nigrum.	*Mont.*
Erica vulgaris à fleur double.	*F.*
— cinerea purpurea.	} Id.
— c. alba.	
— multiflora alba.	} Id.
— m. purpurea.	
— tetralix purpurea.	} Id.
— t. alba.	
— ciliaris.	Id.
— viridis purpurea.	*F. m.*
— scoparia.	Id
— arborea.	Id.
— mediterranea. E. lugubris.	Id.
— herbacea.	*Alp.*
cafra odorata, or.	*Cap.*
Evonymus vulgaris.	*F.*
— latifolius.	*Aut.*
— verrucosus.	Id.

Evonymus americanus.	*Carol.*
— atropurpureus.	*Am. sept.*

F.

Fagus sylvatica.	*F.*
— crispa.	
— pendula.	
— purpurea.	
— asplenifolia.	
— ferruginea.	*Am. sept.*
— americana.	

Fontanesia phyllireoïdes.	*Syrie.*
Fothergilla alnifolia.	*Am. sept.*
— lanceolata.	Id.

Fraxinus excelsior.	*F.*
— jaspidea.	
— aurea.	
— argentea.	

Fraxinus pendula.	*Eur.*
— verrucosa.	
— oxyphilla.	?
— oxyphilla provincialis.	?
— parvifolia.	*Lev.*
— ornus.	*Ita.*
— rotundifolia.	*Turquie.*
— sinensis.	
— acuminata.	*Am. sept.*
— viridis.	Id.
— terebinthifolia.	Id.
— caroliniana.	Id.
— lancea.	
— pubescens. F. epiptera. F. villosa.	Id.
— longifolia. F. pubescens longifolia.	Id.
— alba.	Id.
— Richardi.	Id.
— crispa. F. atrovirens. F. atra.	Id.
— nana.	Id.

FRAXINUS americana.	*Am. sept.*
— nigra.	Id.
— pallida,	Id.
— cinerea. F. subvillosa.	Id.
— sambucifolia.	Id.
— platycarpa.	*Carol.*
— tetragona. F. quadrangularis. F. cærulea.	*Am. sept.*
— media.	?
— lentiscifolia.	*Chin.*
— simplicifolia. F. heterophylla. F. diversifolia. F. monophylla.	?

FUCHSIA coccinea. F. magellana. F. triphylla.	*Chil.*

G.

GAULTHERIA procumbens. *Am. sept.*

GELSEMIUM sempervirens. G. nitidum. Bignonia sempervirens. *Carol. m.*

— Genista tinctoria. } *F.*

— sibirica. }

— pilosa. G. (multiflore jaune des pépiniéristes.) *F.*

— candicans. Cytisus candicans. *F. m.*

— juncea. } Id.

— à fleur double. }

— radiata. *Alp. Ita.*

— multiflore. G. alba. *Port.*

GINKGO biloba. Salisburia adianthifolia. *Jap.*

GLEDITSIA triacantha. *Am. sept.*

— monosperma. G. caroliniensis. *Carol.*

— orientalis.

GLEDITSIA capsiaca.

— macrocanthos. *Chin.*

— sinensis. G. horrida. Id.

GLOBULARIA alypum. *F. m.*

GLYCINE frutescens. *Carol.*

— coccinea. *Baie de Botanique.*

GORDONIA pubescens. Franklinia americana. *Am. sept.*

GYMNOCLADUS canadensis. Guilandinia dioïca.

H.

HALESIA tetraptera. *Carol.*

HAMAMELIS virginiana.

HEDERA helix. *F.*

— à feuilles panachées de blanc.

Hedera arborea. H. latifolia.	*Am. sept.*
Helianthemum vulgare, à fleur jaune.	*F. m.*
— — à fleur blanche.	
— — à fleur rose vif.	
— fumana. Cistus fumana. C. calycinus. C. nudifolius. C. parviflorus.	Id.
— grandiflorum.	*Alp.*
Hippophae rhamnoïdes.	*F. m.*
— canadensis.	
Hortensia opuloïdes. Hydrangea hortensia.	*Am. sept.*
Hydrangea arborescens. H. vulgaris.	*Am. sept.*
— nivea. H. radiata.	Id.
— heterophylla.	?
— quercifolia.	*Flor.*
Hypericum androsœmum.	*F.*
— tomentosum.	*F. m.*

Hypericum hircinum.	*F. m.*
— delphiniense.	*Alp.*
— ascyron.	*Pyr.*
— calycinum.	*Lev.*
— elatum.	*Am. sept.*
— kalmianum. H. bartramicum.	*Virg.*
— prolificum.	*Am. sept.*
— amplexicaule. H. pyramidatum.	?

I et J.

Jasminum fruticans.	*F. m.*
— humile.	*Ita.*
— officinale.	*Ind.*
— triumphans.	?
Ilex aquilegifolium.	*F.*
— à feuilles panachées de blanc	
— à feuilles panachées de jaune.	
— à feuilles de laurier. ?	
— ferox, (feuilles panachées de blanc.)	?

Ilex crassifolia.	?
— balearica.	
— opaca.	*Carol.*
Itea virginica.	
— racemiflora.	*Virg.*
— viscosa.	?
Juglans regia.	*Perse.*
— serotina.	
— fraxinifolia.	*Asie.*
— nigra.	*Am. sept.*
— cinerea. J. cathartica. J. oblonga.	Id.
— tomentosa.	Id.
— amara.	Id.
— squamosa. J. mucronata. J. acuminata alba.	Id.
— alba. J. latifolia.	Id.
— porcina.	Id.
— pacan. J. cylindrica. J. olivæformis.	Id.

JUGLANS aquatica.	*Am. sept.*

JUNIPERUS communis.	*F.*
— montana.	
— suecica.	
— tamaricifolia.	*F. m.*
— sabina cupressifolia.	*Ita.*
— oxycedrus.	*F. m.*
— lycia.	
— bermudiana.	
— phœnicea.	
— virginiana. J. caroliniana.	

K.

KALMIA latifolia, à fleurs roses.	*Am. sept.*
— — à fleurs blanches.	

Kalmia glauca. K. rosmarinifolia.	*Carol.*
— angustifolia.	*Am. sept.*
— oleïfolia. K. polyfolia.	Id.
Koelreuteria paniculata. Sapindus paniculata. Sapindus chinensis. Paullinia aurea. Koelreuteria paullinioïdes.	*Chin.*

L.

Larix communis.	*Suis.*
— americana.	*Pensyl.*
— pendula.	*Am. sept.*
— cedrus.	*Lev.*
Laurus nobilis.	*Ita.*
— benzoin.	*Virg.*
— sassafras.	*Carol.*
Lavandula spica.	*F. m.*
Ledum palustre.	*Eur.*
— latifolium.	*Groënland.*

LEDUM decumbens. *Baie d'Hudson.*

— angustifolium. ?

— thymifolium. L. buxifolium.
L. serpyllifolium. *Carol.*

LIGUSTRUM vulgare. *F.*

— japonicum. L. lucidum.

LINNÆA borealis. *Eur. et Am. sept.*

LIQUIDAMBAR orientalis. L. imberbis. *Lev.*

— styraciflua. *Am. sept.*

LIRIODENDRUM tulipifera. *Virg.*

— integrifolia. *Am. sept.*

LOTUS dorycnium. Dorycnium monspeliense. D. fruticosum. Aspalathus dorycnium. *F. m.*

— hirsutus. Id.

LYCIUM barbarum. *Eur. et Afr.*

— europæum.

Lycium Boerhaaviæfolium. Ehretia halimifolia.	*Pérou.*

M.

Maclurea aurantiaca.	*Am. sept.*
Magnolia glauca.	Id.
— tripetala. M. umbrella.	*Carol.*
— auriculata. M. Fraseri.	Id.
— macrophylla. M. Michauxia.	Id.
— acuminata.	*Pensyl.*
— rustica.	*Am. sept.*
— grandiflora.	*Carol. m.*
— maxima.	
— de la Maillardière.	
— rotundifolia.	
— discolor. M. obovata. M. denudata. M. purpurea.	*Jap.*

Malachodendrum monogynum.
Stewartia malachodendrum.
S. virginica. *Carol.*

Malus coronaria. *Virg.*
— sempervirens. M. angustifolia. *Am. sept.*
— hybrida. ?
— baccata. } *Sib.*
— microcarpa.
— spectabilis. M. sinensis. *Chin.*
— dioïca. ?
— upsaliensis. ?

Medicago arborea. *Ita.*
Menispermum canadense.

Menzieza polyfolia. Andromeda d'Aboëtia. *F. m.*

Mespilus oxyacantha.	*F.*
— à fleur double.	
— à fleur rose.	
— à fleur rose, semi-double.	
— abortiva. (Néflier sans pépin.)	*F.*
— azarolus.	*F. m.*
— cotoneaster.	Id.
— pyracantha.	Id.
— tanacetifolia.	*Lev.*
— olivæformis.	*Perse.*
— prunifolia.	*Am. sept.*
— linearis.	Id.
— latifolia.	Id.
— odorata.	?
— coccinea.	?
— celsiana.	?
— arbutifolia.	?
— pyrifolia. M. cornifolia.	?
— nigra.	?
— melanocarpa.	?
— ignola, à fruit rouge.	?

MESPILUS japonica.

— glabra. ?

Nota. Quelques auteurs ne font qu'un de la classe des néfliers avec celle des poiriers ; d'autres, avec celle des pommiers ; d'autres, enfin, avec celle des alisiers. Il faut se souvenir de cela, si l'on ne veut pas s'exposer à acheter la même variété sous trois ou quatre différens noms.

En général l'adjectif de ces quatre classes est le même, et répond, soit à *Mespilus*, *Pyrus*, *Malus* ou *Crathœgus*, suivant le système de l'auteur qu'on consulte : c'est donc principalement à l'*adjectif* qu'il faut faire attention. Il en est de même des *Cerisiers* et *Pruniers*, des *Caprifolium* et des *Lonicera*.

MIMOSA linlibrizin. *Lev.*

MITCHELLA repens. *Carol.*

MORUS nigra. *As. mineur.*

— alba. } *Chine.*

— minima. }

Morus à bois rouge.	*Chin.*
— laciniata.	
— hispanica.	
— sinensis, nov. spec.	
— tartarica.	
— canadensis. M. heterophylla.	*Can.*

Myrica gale.	*F.*
— pensylvanica. M. caroliniensis.	*Am. sept.*

N.

Nyssa aquatica. N. denticulata. N. angulisans. N. uniflora.	*Carol.*
— villosa. N. montana. N. integrifolia.	Id.
— candicans. N. capitata.	*Am. sept.*

O.

Ononis fruticosa.	*F. m.*

Ononis natrix.	*Alp.*
Osyris alba.	*F. m.*
Othonna cheirifolia.	*Afr.*

P.

Paliurus aculeatus. P. petasus.	*F. m.*
Passiflora incarnata.	*Virg.*
— incarnata (nova). ?	*Virg.*
— filamentosa.	?
Peonia arborea. P. fruticosa.	*Chin.*
Periploca grœca.	*Syrie.*
Persica communis, à fleur double.	
Philadelphus coronarius.	*F. m.*
— nanus.	*F. m.*
— inodorus.	*Carol.*
— gracilis nova.	?
— latifolius nova.	?

Phlomis fruticosa. } *Esp.*
— angustifolia. }
— virescens. ?
— italica. P. purpurea.

Phillirea latifolia. } *Eur. m.*
— media. }
— angustifolia. } *F. m.*
— buxifolia. }

Pinus sylvestris. P. rubra. } *F.*
— variété de Tarare. }
— mugho. P. sylvestris montana. }
— riga. *Rus.*
— cembra. P. sylvestris montana tertia. *Mont.*
— alepensis. *F. m.*
— pinea. P. sativa. *Eur. m.*
— pumilio. P. sylvestris mugho.
— pumilio (nova).

PINUS montherayensis.	
— maritima. P. sylvestris.	*Eur.*
— racemosa.	
— Romaniæ.	*Lev.*
— Laricio.	*Corse.*
— inops. P. virginica. P. de Jersey.	*Am. sept.*
— strobus. P. du lord.	Id.
— rigida.	?
— mitis.	*Am. sept.*
— variabilis. P. echinata.	Id.
— tæda.	?
— palustris.	*Carol.*
— Banksiana. Divaricata. P. rupestris.	*B. d'Hudson.*
— Embrunensis.	?
— pungens.	?

Planera Richardi. Ulmus polygama. Ulmus crenata.	*Sib.*
— ulmifolia.	?
— aquatica.	*Carol.*
Platanus orientalis.	}
— acerifolia.	}
— occidentalis.	*Am. sept.*
Polygala chamæbuxus.	*Suis.*
Polygonum frutescens.	*Sib.*
— acetosæfolium. Coccoloba sagittifolia.	*Brésil.*
Populus alba.	} *F.*
— alba de Hollande.	}
— acerifolia.	}
— tremula.	} Id.
— grisea. P. canescens.	}

Populus nigra.	*Eur. et Am.*
— suber.	
— fastigiata. P. dilatata.	*Ita.*
— græca.	
— angulata. P. angulosa.	*Carol.*
— molinifera.	*Can.*
— virginiana (dit suisse).	
— balsamifera. P. tacamahaca.	*Am. sept.*
— suaveolens (nova).	?
— viminea. P. candicans.	*Can.*
— grandidentata.	Id.
— heterophylla.	*Am. sept.*
— marylandica.	
— hudsonia.	

Potentilla fruticosa.	*Eur. sept.*
Prinos verticillatus. P. Gronovii.	*Virg.*
— glaber.	*Can.*

PRUNUS spinosa, flore pleno.	*F.*
— de reine-claude, semi-double.	
— briançonica.	Id.
— candicans.	?
— borealis.	
— prostrata.	*Crète.*
— sphærocarpa. Cerasus sphærica.	*Nouv. Ang.*
— canadensis. P. pumila. Cerasus pumila. C. canadensis. *franc de pied.*	*Can.*
— susquehana. *franc de pied.*	*Can.*
— pygmæa. C. pygmæa.	*Can.*
— myrobolana. P. cerasifera.	*Am. sept.*
— americana.	Id.
— chicasa.	*Carol.*

PSYLLIUM suffruticosum. Plantago cynops. Plantago arenaria.	*F. m.*
PTELEA trifoliata.	*Virg.*
PUNICA gratatum.	*F. m.*

Pyrus salicifolia.	*Sib.*
— sibirica.	
— amygdaliformis.	?
— à fleur semi-double.	?
— salvifolia.	?
— polveria. P. dulcis.	*All.*
— sinaïca.	
— Michauxi.	*Am. sept.*
— japonica, fleurs écarlates.	*Chin.*
— — fleurs blanches.	
— linearis (nova species.)	?
— orientalis. Mespilus tomentosa. M. xanthocarpa.	?

Q.

Quercus robur.	*F.*
— toza.	
— pedunculata. Q. racemosa.	Id
— pendula.	

QUERCUS halyphlœos.	*F.*
— cerris.	*F. et Ita.*
— fastigiata.	*Pyr.*
— apennina.	*F.*
— ægylops.	*Lev.*
— ilex.	*F. m.*
— smilax.	
— gramuntium.	
— coccifera.	Id.
— suber (de Provence).	
— suber (d'Italie).	
— ballota. Q. rotundifolia.	*Esp.*
— heterophylla.	*Am. sept.*
— virens.	Id.
— prinus.	Id.
— prinus discolor.	
— p. monticola. Q. velutina. Q. platanoïdes.	
— p. palustris. Q. paludosa.	
— palustris, autre ?	Id.

Quercus rubra.	*Am. sept.*
— montana. Q. rubra dissecta.	
— ferruginea. Q. nigra des États-Unis.	
— falcata.	Id.
— macrocarpa.	Id.
— obtusiloba. Q. stellata.	Id.
— aquatica.	Id.
— coccinea.	Id.
— autre variété.	
— lyrata.	Id.
— alba.	*Virg.*
— tinctoria.	Id.
— phellos. Q. virginiana.	Id.

R.

RHAMNUS frangula. *F.*

— catharticus. Id.

— infectorius. *F. m.*

— pumilus. *Alp.*

— alpinus.

— latifolius. ?

— frangula d'Amérique. *Am. sept.*

— colubrinus. ?

— hybridus. R. burgundianus. R. sempervirens. *Can.*

— alaternus.
— — angustifolius.
— — à feuilles panachées de blanc.
} *F. m.*

RHODODENDRUM maximum. *Am. sept.*

— ponticum.

— dauricum.

RHODODENDRUM crispum.	
— punctatum. R. parviflorum. R. minus.	}
— hybrydum.	
— catesbœum.	
— ferrugineum.	*Alp.*

RHODORA canadensis.	
RHUS coriaria.	*F. m.*
— cotinus.	*Ita.*
— glabrum. R. viridiflorum.	*Am. sept.*
— hyphinum.	*Virg.*
— copallinum.	Id.
— toxicodendron. R. radicans.	*Am. sept.*
— elegans.	*Carol.*
— vernix.	*Am. sept.*
— viminalæ. R. lanceum.	*Cap.*

Ribes petreum.	*F.*
— alpinum.	
— diacanthum.	*Sib.*
— prostratum. R. glandulosum.	*Am. sept.*
— cinosbati.	*Can.*
— pensylvanicum. R. floridus.	
— aureum. ?	}
— palmatum.	}
— orientale.	

Robinia pseudo-acacia.	*Am. sept.*
— spectabilis.	
— macrophylla (nova).	
— macrocantha.	
— crispa.	
— inermis (parasol).	*Carol.*
— tortuosa.	
— monstrosa.	
— stricta.	
— sophoræfolia.	

ROBINIA hispida.	*Carol.*
— viscosa.	Id.
— dubia.	

ROSA lutea, simple.	
— lutea, flore pleno.	
— bicolor. R. punicea.	
— cinnamomea.	
— sans épine, à fleur rose double.	
— spinosissima. R. d'Écosse.	
— parviflora.	*Am. sept.*
— carolina. R. virginiana.	
— toujours vert.	*Ita.*
— villosa. R. pomifera.	
— des Alpes.	
— rubrifolia. R. glauca.	
— églantier odorant. Sweet-brayer.	

Rosa. *Classe de Provins, ou gallique.*

— gallica rouge, semi-double. }
— — panachée. }
— — alba, semi-double.
— roi des pourpres.
— de parade.
— grandesse royale.
— grande pivoine.
— hortensia. Aimable rouge.
— belle violette.
— belle évêque.
— grand Alexandre. Napoléon.
— manteau rouge.
— de la reine.
— maheca. Mutabilis.
— superbe en brun.
— holosericea nova.
— négresse.
— Yorck et Lancastre.
— pourpre noir, semi-double.
— pourpre noir.

Rosa pompon, provins. Remensis.

Rosa. *Non classées.*

— muscate (double)

— de Banck (double).

— macartney (simple).

— multiflore, rose pâle (double).

— à feuille de pimprenelle (blanc double).

— à feuille de pimprenelle (blanc semi-double).

— à feuille de pimprenelle (rose semi-double).

Rosa. *Bengales.*

— commun, double.

— pourpre, double.

— blanc (il est rosé).

Rosa à odeur de thé.

— à odeur de capucine.

— nain.

— à feuille de pêcher, ou à feuille de saule.

— paniculé, double.

— scandens (double).

— Boursault.

— dit *bleu* (je ne sais pourquoi).

— Noisette.

— lilas nouveau (qui n'est pas lilas du tout).

Rosa *Blanches ou rosées.*

— blanche double.

— blanc, semi-double et à *bractées*, que j'ai obtenu de graines.

— pompon bazard.

— cuisse de nymphe.

— blanc céleste (nova celestis).

Rosa. *Des quatre saisons.*

— quatre saisons rose.

— quatre saisons blanc.

— portland perpétuel.

Rosa. *de Damas.*

— damas ordinaire.

— damas d'Italie.

— Cels. Damascena mutabilis.

Rosa. *Cent feuilles.*

— de Nancy.

— cent feuilles commune.

— des peintres.

— pompon de Bordeaux.

— pompon de Bourgogne.

— petite Hollande.

— foliacée.

— bipinnée.

— anémone.

— à feuilles de laitue.

Rosa Vilmorin.

— unique blanche.

— unique rose.

— œillet.

— mousseuse rose, double.

— carnée. Bellissime.

Rosa. *de Provence.*

— de Provence ordinaire

— provincialis, semi-double.

— nouvelle, de Provence.

— Constance, ou cent feuilles d'Avranches.

— Didon.

— Aglaé Adanson.

Nota. Tous ces rosiers sans exception sont *francs de pied.*

Rosmarinus officinalis.	*F. m.*
— à feuilles étroites.	
— à rameaux pendans.	
Rubus fructicosus, fleur double.	*F.*
— sans épines.	
— laciniatus.	
— tomentosus.	*Alp.*
— corylifolius.	?
— arcticus.	
— rosæfolius.	?
— mollucanus.	
— occidentalis.	*Virg.*
— odoratus.	*Can.*
— pentaphyllus. R. villosus.	*Am. sept.*
Ruscus aculeatus.	*F.*
— hypoglossum.	*Ita.*
— hypophyllum.	Id.
— racemosus.	*Port.*

Ruta graveolens.	*F. m.*

S.

Salicornia fruticosa.	*F. m.*
Salix hermaphrodita.	*F.*
— alba.	Id.
— vitellina.	Id.
— amygdalina.	Id.
— daphnoïdes. S. cinerea. Mascula.	*Alp.*
— daphnoïdes variegata. Cinerea variegata.	
— pentendra mascula.	*F.*
— fragilis. S. decipiens.	Id.
— retusa. S. serpillifolia.	*Alp.*
— reticulata.	Id.
— Capræa. S. latifolia rotundifolia.	*F.*
— capræa femina.	

SALIX aurita. S. ulmifolia.	*F.*
— acuminata.	Id.
— acuminata obtusifolia.	
— sericea. S. Lapponum. S. lanata.	*Alp.*
— depressa. S. repens.	*F.*
— myrsinites.	*Alp.*
— viminalis. S. longifolia. Fæmina.	*F.*
— monandra.	Id.
— purpurea.	
— helix.	
— riparia.	Id.
— rosmarinifolia mascula.	*Alp.*
— grandifolia mascula.	Id.
— hastata mascula.	Id.
— hastata femina.	
— prunifolia femina.	Id.
— versifolia.	Id.
— mollissima femina.	Id.
— pomeridiana.	Id.

SALIX cœrulea.	?
— smithiana.	?
— fusca.	*Ang.*
— lanceolata.	?
— parvifolia.	?
— nigricans.	?
— ferruginea.	?
— russeliana.	
— argentea.	*Am. sept.*
— caroliniana.	*Carol.*
— babylonica.	*Lev.*
— nova species, non décrit.	?

SALSOLA fruticosa.	*F. m.*
— canescente.	Id.

SALVIA officinalis.	*F. m.*
— tricolor.	
— angustifolia.	
— à fleurs blanches, non décrite.	?
— indica.	
— bicolor.	*Barb.*

SAMBUCUS nigra.	*F.*
— variegata.	
— laciniata.	
— monstrosa.	
— virescens.	?
— racemosa.	*Ita.*
— pubescens.	?
— canadensis.	

SANTOLINA chamæcyparissus.	*F. m.*
SATURRIA montana.	Id.
— Juliana.	*Ital.*
— thymbra.	*Candie.*

Schisandra coccinea.	*Carol.*
Sideroxylum tenax. Bumelia tenax. Sideroxylum chrysophylloïdes.	*Carol. m.*
Smilax laurifolia.	*Virg.*
— excelsa.	?
— aspera.	*F. m.*
Sophora japonica.	
— pendula.	
— mycrophylla. Edwarsia mycrophylla.	*N. Zélande.*
Sorbus domestica.	*F.*
— aucuparia.	Id.
— hybrida.	*Suède.*
— américana, *franc de pied.* (De graine murie chez moi.)	*Am. sept.*
Spiræa alpina.	
— crenata.	*Sib.*
— sorbifolia.	Id.
— lœvigata.	Id.
— chamædrifolia.	Id.

Spiræa salicifolia.	*Sib.*
— betulæfolia.	
— ulmifolia.	
— paniculata.	
— acutifolia.	
— alba.	
— alba pulcherrima.	
— de Boston (nouveau).	
— tomentosa.	*Pensyl.*
— opulifolia.	*Can.*
— hypericifolia.	Id.

Staphylea pinnata.	*F.*
— trifolia.	*Virg.*
Styrax officinale.	*F. m.*
Symphoricarpos parviflora.	*Am. sept.*
— leucocarpa.	Id.
Syringa vulgaris.	} *Perse.*
— alba.	}

Syringa prolifera, alba.	Perse.
— media.	
— varina.	
— persica.	
— persica alba.	
— laciniata.	

T.

Tamarix gallica.	*F. m.*
— germanica.	Id.
Taxus baccata.	*F.*
Tecoma radicans. Bignonia radicans.	*Am. sept.*
— sinensis. B. sinensis. B. grandiflora.	*Chin.*
Terebinthus vulgaris. Pistacia terebinthus.	*F. m.*
Thuya orientalis.	*Chin.*

Thuya australis.	*Chine.*
— articulata.	*Afr.*
— occidentalis.	*Can.*

Thymus vulgaris.	*F. m.*
— à fleurs et feuilles blanches.	
— serpillum citratum.	

Tilia argentea. T. tomentosa.	*Am. sept.*
— glabra. T. americana.	*Can.*
— rubra.	*Am. sept.*
— pubescens. T. caroliniana.	*Carol.*
— asplenifolia (nov. spec.).	

U.

Ulmus campestris. Toutes les variétés.	*F.*
— tilæfolia.	
— fastigiata.	

Ulmus argentea.	?
— crispa.	?
— rugosa.	?
— americana.	} *Am. sept.*
— pendula.	}
— fulva.	Id.
— pumila.	*Sib.*
— asplenifolia (nov. spec.).	?
— sinensis. U. lucida. U. pumila quorumdam.	

V.

Vaccinium oxycocos. Oxycocus europæus.	*F.*
— myrtillus.	Id.
— punctatum. Vitis idæa.	Id.
— uliginosum. Myrtillus grandis.	Id.
— pensylvanicum.	*Am. sept.*

VIBURNUM lantana.	*F.*
— opulus.	*Lev.*
— opulus sterilis.	
— tinus.	*F. m.*
— piimina.	?
— prunifolium.	*Am. sept.*
— nudum.	Id.
— edule.	Id.
— lantana canadensis.	*Can.*
— lantago. V. pyrifolium.	
— cassinoïdes.	*Am. sept.*
— punicifolium.	Id.
VINCA major.	*F.*
— minor, bleue.	Id.
— — blanche.	
— — bleue, double.	
VIRGILIA lutea.	*Am. sept.*

VITEX agnus castus. *F. m.*

— incisa. V. negundo. Id.

VOLKAMERIA fragans. V. japonica. Clerodendron fragrans. *Jap.*

VITIS quinquefolia. Hedera quinquefolia. Cyssus hederacea. C. quinquefolia. Ampelopsis quinquefolia. *Am. sept.*

— labrusca. *Virg.*

Y.

YUCCA gloriosa. *Am. sept.*

— filamentosa. *Virg.*

— alocefolia. *Am. sept.*

PLANTES VIVACES.

A.

ACANTHUS mollis.	*F. m.*
— spinosus.	Id.
ACHILLOEA millefolia rosea.	*Alp.*
— nobilis.	Id.
— atrata.	Id.
— speciosa.	*Suisse.*
— ptarmica, fleur double.	} *F.*
— variété plus petite.	}
— à fleur jaune d'or. ?	*F. m.*
— sambucifolia.	?
— aurea.	*Lev.*
— ægyptiaca.	Id.

Aconitum napellus.	*Alp.*
— napellus grossus.	Id.
— napellus variegatum.	Id.
— angustifolium.	Id.
— anthora.	Id.
— volubile.	Id.
— neomontanum.	Id.
— camarum.	*All.*
— barbatum.	?
— boreale.	?
— variegatum.	*Eur. m.*
— album.	*Lev.*

Acorus gramineus.	*Chin.*

Actea spicata. Chrysthophoriane.	*F.*
— racemosa.	*Am. sept.*

AGAPANTHUS umbelliferus, *ou* Crinum. or. *Afr.*

AGROSTEMMA coronaria. *Ita.*

— flos Jovis. *Alp.*

ALCEA rosea. } *Chine.*

— chinensis.

— ficifolia. *Sib.*

ALCHIMILLA alpina. A. argentea. *Alp.*

ALESTRIS uvaria. or. *Cap.*

ALLIUM nigrum. A. multibulbosum. (C'est l'ail blanc des marchands). *F. m.*

— moly. Id.

— roseum. Id.

— victorialis. *Alp.*

— spherocœphalum. ?

— scorsoneræfolium. ?

— tartaricum. *Sib.*

— nutans. Id.

Allium rubens.	*All.*
— baïcale.	
— fragrans.	*Afr.*
— illyricum.	

Aloe rigida, or.	*Cap.*
— retusa, or.	Id.
Alsltroemeria pelegrina.	*Pérou.*
Alyssum saxatile.	*Ile de Candie.*
— sinuatum.	*Esp.*
Amaryllis lutea.	*Eur. m.*
— atamasco.	*Virg. Carol.*
— longifolia.	*Malabar.*
— rosea. A. belladona, or.	*Am. sept.*
— formosissima, or.	Id.
— curvifolia, or.	
— vittata, or.	
— aurea. or.	*Chin.*

Amaryllis sarniensis, or.	*Guernesey.*
Ambrosia artemisefolia.	*Am. sept.*
Anacyclus purpurascens.	?
Anchusa virginica.	*Virg.*
Androsacea carnea.	*Alp.*
— lactea.	Id.
Anemone hepatica, cærulea, double.	*Eur.*
— — rosea, double.	*Eur.*
— — alba, simple.	*Eur.*
— pulsatilla.	*F.*
— nemorosa.	Id.
— provincialis, lilas.	*F. m.*
— stellata. A. hortensis.	Id.
— vernalis.	*Alp.*
— halleri.	Id.
— alpina cærulea.	Id.

Anemone narcissiflora.	*Alp.*
— sylvestris.	*All.*
— apennina alba.	
— virginiana.	*Am. sept.*
— pavonina.	*Lev.*
— coronaira (beaucoup de variétés).	Id.

Angelica archangelica.	*Alp.*
Anthemis tinctoria.	*F.*
— pyrethrum.	*Esp.*
— grandiflora, pourpre.	*Chin.*
— — lilas.	}
— — aurore.	}
— blanche à tuyaux.	}
— blanc touffu.	}

— brun d'Espagne (ou coccinea).
— splendens (ou speciossima).
— helianthiflora.
— jaspé.

Nota, Ces *neuf* variétés répondent aux *onze* qu'on vend dans le commerce.

ANTHOLYZA prealta, or. *Cap.*

ANTHYLLIS vulneraria. *F. m.*

ANTIRRHYNUM majus. Oruntium. *F.*
— — fleurs cramoisies.
— — fleurs blanc pur.
— — fleurs couleur de chair.

— luteum (très-rare). *F. m. Mont.*

APHYLLANTES monspeliensis. *F. m.*
— à fleurs blanches.

APOCINUM androsæmifolium. *Am. sept.*

— cannabinum. Id.

Aquïlegia. vulgaris.	F.
— à fleurs doubles de quatre couleurs.	
— à fleurs étoilées de quatre couleurs.	
— atropurpurea.	?
— alpina.	
— canadensis.	
Arabis alpina.	*Alp.*
— cristata.	Id.
Arenaria grandiflora.	*Alp.*
— multicaulis.	Id.
Artemisia absynthium.	*F.*
Arum maculatum.	Id.
— dracunculus.	*F. m.*
— crinitum.	*Minorque.*
— corsicum.	
— deux autres espèces.	?
Arundo donax.	*Eur. m.*

Asarum canadense.

Asclepias nigra. Vincetoxicum nigrum. *F.*

— incarnata. *Am. sept.*

— carnea. Id.

— syriaca. *Virg.*

— tuberosa. *Am. sept.*

— amœna. Id.

Asphodelus ramosus. *F. m.*

— spicatus. Id.

— Audibertii. ?

— luteus. *Ita.*

Asplenium adiantum nigrum. *Alp.*

— montanum. Id.

Aster amellus. *F. m.*

— alpinus.

— pyrenaïcus.

— decorus.

— spectabilis *véritable*, à fleurs rouges. ?

— miser. *Am. sept.*

ASTER cordifolius.	?
— coridifolius.	?
— amplexicaulis.	?
— grandiflorus.	*Am. sept.*
— argenteus.	Id

ASTRAGALUS onobrychis.	*F. m.*
— alpina. Phaca astragalina.	*Alp.*
— australis. Phaca australis.	Id.
— monspessulanus.	*F. m.*
— galegiformis.	*Sib.*
— alopecuroïdes.	Id.
— carolinianus.	

ASTRANCIA major.	*F. Mont.*

B.

Bellis perennis, fleur rouge.	F.
— — fleur blanche.	
— — fleur panachée.	
— — fleur prolifère.	
Begonia discolor. B. evantiana, or.	*Chine.*
Betonica grandiflora.	*Alp.*
— hirsuta.	Id.
Bocconia cordata.	*Chin.*
Boltonia asteroïdes.	*Pensyl.*
Brunella grandiflora.	*F.*
Buphtalmum cordifolium.	?
— grandiflorum.	*F. m.*
— salicifolium.	Id.
Bubon macedonicum.	*Grèce*
Butomus umbellatus.	*F.*

C.

Cacalia articulata. C. runcinata. C. laciniata, or. *Cap.*

— alpina. C. alliariæfolia. *Alp.*

Cactus flagelliformis, or. *Pérou.*

— speciosus, or.

— speciosissimus, or.

— phyllanthus, or. *Am. m.*

Caltha palustris. } *F.*

— à fleurs doubles. }

Campanula rapunculus, fleur double. *F.*

— rapunculoïdes. Id.

— tenuifolia. Id.

— glomerata bleue, fleur double. } Id.

— glomerata blanche, fleur simple. }

— trachelium bleue, fleur double. } *F.*

— trachelium bleue, simple. }

CAMPANULA inconnue.	?
— persicifolia bleue, double.	*F.*
— persicifolia blanche, double.	
— cespitosa. C. bocconi.	*Alp.*
— carpatica.	Id.
— thyrsoïdea.	Id.
— cervicaria.	Id.
— barbata.	Id.
— latifolia.	Id.
— urticifolia blanche, double.	?
— lactiflora.	?
— loreii.	?
— alba.	?
— bicolor.	?
— medium blanche et bleue.	*Ita.*
— bononiensis.	Id.
— grandiflora. C. gentianoïdes.	*Sib.*
— betonicæfolia.	Id.
— sibirica.	Id.
— eriocarpa.	*Caucase.*
— pendula.	?

Campanula ruthenica.	*Russie.*
— speciosa.	?
Canna indica.	*Ind.*
Carduus altissimus.	?
Cassia marylandica.	
Catananche cærulea.	*F. m.*
Celsia lanceolata, or.	*Égypte.*
Centaurea dealbata.	?
Cerastium tomentosum.	*Ita.*
Cheiranthus cheiri.	*F.*
— à fleur double.	
— à fleur semi-double, qui graine.	
Chelone purpurea. C. obliqua.	*Virg.*
— alba. C glabra.	Id.
— pentestemon. Pentestemon pubescens.	*Am. sept.*

Chelone campanulata. Pentestemon. C. foliosa. *Am. sept.*

— barbata. C. ruelloïdes. ?

Cherleria sedoïdes. *Alp.*

Chrysanthemum corymbosum. C. achillæa. *F.*

— serotinum. *Am. sept.*

Chrysocoma linosiris. *F. m.*

— graminifolia. Id.

Cineraria maritima. Jacobæa. *F. m.*

— cordifolia. *Alp.*

— aurantiaca. Id.

— amelloïdes, or. *Cap.*

Clematis integrifolia. *Hongrie.*

— recta. *F. m.*

— recta hispanica.

— nana.

Colchicum automnale. *F.*

— montanum. *F. m.*

— des Pyrénées. ?

Collinsonia canadensis.

COMARUM palustre.	*F.*
COMMELINA tuberosa.	*Mexique.*
— ?	
CONVALLARIA maïlis.	*F.*
— fleur double.	
— fleur rose.	?
— verticillata, fleur double.	*F.*
— japonica.	
CONVOLVULUS soldanella.	*F. m.*
— oleifolius, or.	*Esp.*
COREOPSIS lanceolata. C. crassifolia.	*Carol.*
— delphinifolia.	*Virg.*
— verticillata.	Id.
— elegans.	Id.
— alternifolia.	Id.
— tripteris.	Id.
COTYLEDON umbilicus.	*F. m.*
— orbiculatum, or.	*Cap.*

CRASSULA perfilata. C. perfossa. C. punctata, or. *Cap.*

— coccinea. Rochæa coccinea, or. *Afr.*

— tetragona, or. *Cap.*

CRITHMUM maritimum. *F. m.*

CROCUS sativus. *F. m.*

— vernus, 20 variétés.

CUCUBALUS fimbriatus. Silene fimbriata. *Am. sept.*

CYANUS montana. Centaurea montana. *F.*

CYCLAMEN europæum. *Ita.*

— coum. *Eur. m.*

— persicum. *Chypre.*

CYNOGLOSSUM omphalodes. *F. m.*

CYPRIPEDIUM calceolus. *Alp.*

CYRTANTHUS angustifolius. Crinum angustifolium. Amaryllis cylindracea, or. *Cap.*

D.

Dahlia pinnata. Georgina pinnata. *Mexique.*

— blanche, à fleur simple.

— jaune fauve, à grande fleur.	toutes doubles.
— fauve, à fleur de camellia.	
— fauve, à fleur de souci.	
— jaune, à petite fleur.	
— orange, à grande fleur.	
— orange, à petite fleur.	
— rouge ponceau.	
— rouge ponceau, *naine*.	
— violet foncé (dite bleue).	
— speciosissima (violet).	
— beau rose.	
— beau carné.	

DAHLIA lilas (dite grise).	toutes doubles.
— lilas, très-pâle.	
— sub-alba.	

DALEA violacea. Petalostemon violaceum.	*Am. sept.*
DATISCA cannabina.	*Candie.*
DELPHINIUM elatum.	*Sib.*
— grandiflorum.	Id.
— intermedium.	*Silésie.*
— à fleur double.	?
— discolor.	
— urceolatum.	
— cuneatum.	
— elegans.	
— speciosum.	
— azureum.	

DIANTHUS barbatus.	F. m.
— — à fleur double.	
— superbus. D. fimbriatus. D. plumosus. D. monspesulanus.	F. m.
— giganteus.	*Mont ventoux*
— atrorubens.	*Alp.*
— campestris.	Id.
— alpinus.	
— patens.	Id.
— cæsius.	Id.
— caucasius.	
— pulcherrimus.	?
— chinensis.	
— chinensis, à feuilles d'œillet poëte.	
— moschatus.	
— couronné.	
— hispanicus, fleur double.	
— cariophyllus, plusieurs variétés dans les flamands.	*Barb.*

Dictamus albus.	} *F. m.*
— violaceus.	
Digitalis purpurea.	} *F.*
— alba.	
— parviflora.	Id.
— ferruginea.	*Alp.*
— ambigua. D. grandiflora. D. intermedia.	Id.
— lœvigata.	
— lanata.	
— aurea.	
— orientalis.	

Dodecatheon virginica.	
Dolichos lignosus, or.	*Ind.*
Doronicum plantagineum.	*F.*
— bellidiastrum.	*F. m.*
Draba pyrenaïca.	*Alp.*
— ayzoïdes.	Id.
Dracocephalum ruyschiana.	*F. m.*

DRACOCEPHALUM grandiflorum.	*Sib.*
— peregrinum.	Id.
— canadense. D. variegatum.	*Am. sept.*
DRYAS octopetala.	*Alp.*

E.

EPILOBIUM spicatum.	*F.*
— angustissimum. E. rosmarinifolium. (C'est une variété de l'angustifolium.)	*Alp.*
EPIMEDIUM alpinum.	
ERIGERON Villarsi.	*Am. sept.*
ERINUS alpinus.	
ERYNGIUM alpinum.	
ERYSIMUM barbareum, fleur double.	*F.*
ERYTHRONIUM dens canis.	*Alp.*
EUPATORIUM ageratoïdes.	*Virg.*

F.

Fragaria indica.

Fritillaria meleagris. Plusieurs variétés. *F.*

— impériale rouge. *Perse.*

— — jaune.

— — double couronne.

— — jaune double.

— — rouge double.

— persica.

Fumaria bulbosa. Corydalis tuberosa. *F.*

— — fleur blanche.

— lutea. Corydalis lutea. C. capnoïdes. *F. m.*

— nobilis. Corydalis nobilis. *Sib.*

G.

GALANTHUS nivalis.	*F.*
— à fleur double.	
GALEGA officinalis.	*Ita.*
— orientalis.	
GAURA biennis.	*Virg.*
GENTIANA campestris.	*F.*
— cruciata.	Id.
— acaulis. G. grandiflora.	*Alp.*
— asclepiadea.	Id.
— verna. G. bevaria.	Id.
— lutea.	Id.
— purpurea. G. punctata.	Id.
— algida.	*Sib.*
GERANIUM pratense.	*F.*
— — à fleur double.	
— sanguineum.	Id.
— aconitifolium.	*Alp.*

— pheum.	*Alp.*
— nodosum.	Id.
— argenteum.	Id.
— striatum.	Id.
— umbellatum.	?
— tuberosum.	*Ita.*
— macrorhizum.	*Piémont.*
— zonale à fleur double, or.	*Cap.*
— triste, or.	Id.
— splendens, or.	Id.
— coccineum, or.	Id.

Geum rivale.	*F.*
Gladiolus communis.	*F. m.*
— constantinopolitanus.	
— byzantinus.	
— cardinalis, or.	*Cap.*

Glaucium luteum.	*F. m.*

GLOBULARIA nudicaulis. G. grandiflora.	*Alp.*
— cordifolia.	Id.
GLYCINE apios.	*Virg.*
— monoïca.	*Am. sept.*
GNAPHALIUM margaritaceum.	
— angustifolium.	*Ita.*
— fœtidum.	*Cap.*
— orientale, or.	*Afr.*
GORTERIA pinnata, or.	*Cap.*
GYPSOPHILLA acutifolia.	*F. m.*
— ?	

H.

HEDYSARUM obscurum.	*Alp.*
— humile.	Id.
— coronarium.	*Esp.*
— paniculatum.	*Am. sept.*
— canadense.	

HELENIUM quadridentatum. Rudbeckia alata. *Louisiane.*

HELIANTHUS multiflorus, fleur simple. } *Virg.*

— — à fleur double.

— virgatus. H. giganteus. H. latiflorus. H. excelsus. *Can.*

— decapetalus. Id.

— linearis. H. angustifolius. *Am. sept.*

— atrorubens.

— mollis. H. pubescens. H. canescens. *Am. sept.*

— lœvis. Teliopsis lœvis. Id.

HELLEBORUS fœtidus. *F.*

— viridis. Id.

— hyemalis. Id.

— niger. *Alp.*

HELONIAS bullata. *Pensyl.*

HEMEROCALLIS fulva. } *Alp.*

— — à feuilles panachées.

HEMEROCALLIS flava. — *Sib.*

— graminea. — ?

— japonica. — *Chin.*

— cærulea. — Id.

HESPERIS matronalis. — *F.*

— fleur violette double.

— fleur blanche double.

HIBISCUS grandiflorus. — *Georgie.*

— moscheutos. — *Virg.*

— palustris.

HIERACIUM aurantiacum. — *Alp.*

HOFFMANSEGGIA falcaria. Larrea glauca. — *Am. m.*

HYACINTHUS non scriptus. — *F.*

— amethistimus. H. patulus. Scilla patula. — *Eur.*

— azureus. — ?

— orientalis. 30 superbes variétés distinctes.

HYDRASTIS canadensis. Warnera canadensis. — *F. m.*

HYDROPHYLLUM canadense.	
HYOSCYANUS aureus.	*F. m.*
HYPERICUM tomentosum.	*F. m.*
HYSSOPUS fœniculum.	?

I et J.

JASIONE perennis.	*Alp.*
IBERIS sempervirens.	*Alp.*
INULA cinerea. Aster vaillantii.	*Alp.*
IRIS germanica.	*F.*
— — flore albo.	
— — pallida.	
— à fleurs verdâtres. ?	*F. m.*
— spuria. I. spathula.	Id.
— lurida.	*Eur. m.*
— squalens. I. variegata.	Id.

Iris sambucina.	*Eur. m.*
— florentina.	Id.
— sibirica à fleurs bleues.	*Sib.*
— — à fleurs blanches.	
— alophylla.	Id.
— aphylla.	?
— plicata.	?
— fœtida variegata.	*Hong.*
— graminea.	*Aut.*
— swertii. I. desertorum.	?
— guildans-taditii.	?
— guildans-taditii elongata.	
— pomeridiana.	?
— biglumis.	?
— hexagona.	?
— ochroleuca. I. orientalis.	*Lev.*
— susiana, or.	Id.
— fimbriata, or.	*Chin.*
— biflora.	*Port.*
— versicolor.	*Am. sept.*
— virginica.	*Virg.*

Iris persica.

— xyphium *ou* xyphioïdes ; 6 variétés. *Port.*

— pumila bleue. } *F. m.*

— — blanche.

— — jaune.

Jussiea grandiflora. ?

Ixia crocata, or. *Cap.*

— maculata, or. Id.

— campanulata, or. Id.

— bulbocodium. Bulbocodium crocifolium. *F. m.*

K.

Kitaïbellia vitifolia.	*Smyrne.*

L.

Lachenalia lutea, or.	*Cap.*
— versicolor.	
Lactuca perennis.	*F.*
Lamium garganicum.	*Ita.*
— orvala.	Id.
Lathyrus latifolius.	*F. m.*
— tuberosus.	*F.*
Leonorus tartaricus.	*Rus.*
— purpureus.	?
— sibiricus.	
Leucoïum vernum.	*F.*
— œstivum.	Id.
— automnale.	*Port.*
Ligusticum lævisticum. Angelica paludepifolia.	*Ita.*

Ligusticum peloponense.	
Lilium martagon, violet.	F. *Alp.*
— — fleur blanche.	
— — fleur jaune.	
— pyrenaïcum.	*Pyr.*
— pomponium.	Id.
— croceum.	*Ita.*
— bulbiferum.	
Lilium candidum.	*Lev.*
— à fleur panachée.	
— à fleur double (avorte toujours).	
— pendulinum.	?
— japonicum. L. concolor.	*Jap.*
— tigrinum. L. chinense.	Id.
— de Ceylan.	?
— camschatsence.	
— philadelphicum.	*Am. sept.*
— superbum.	Id.
— canadense.	*Can.*

Linaria alpina.	*Alp.*
— genistifolia. Anthirrhinum genistifolium.	Id.
Linum narbonense.	*F. m.*
— perenne.	*Sib.*
— tryginum, or.	*Chin.*
Lobelia cardinalis.	*Virg.*
— fulgens.	
— siphilitica.	Id.
Lupinus perennis.	*Alp.*
— nootkatensis.	
Lychnis dioïca, fleur double.	*F.*
— flos cuculi, fleur double.	*F.*
— viscaria, fleur double.	Id.
— diurna.	*Alp.*
— pyrenaïca.	
— corsica.	?
— calcedonica rouge, à fleur double.	
— — alba, fleur simple.	

LYCHNIS altaïca.

— fulgens. ?

— grandiflora. L. coronata. *Jap.*

LYSIMACHIA vulgaris. *F.*

— thyrsiflora. *Alp.*

— punctata. *Hollande.*

— ephemerum. *Esp.*

M.

MARSILEA quadrifolia. *Alp.*

MATRICARIA parthenium, fleur double. *F.*

MAURANDIA scandens. Usteria scandens. Maurandia semperflorens. *Mex.*

MEDICAGO marina. *F. m.*

MELISSA hortensis. M. officinalis. Id.

Melissa grandiflora.	*Ita.*
Menianthes trifoliata.	*F.*
Mesembryanthemum coccineum, or.	*Cap.*
Mimulus punctatus.	?
— rengens.	*Virg.*
Momordica elaterium.	*F. m.*
Monarda dydima. M. coccinea.	*Am. sept.*
— fistulosa. M. purpurascens.	*Can.*
— violacea.	*Am. sept.*
— clinopodia.	Id.
— oblongata. M. longifolia.	Id.
— rugosa.	Id.
Moroea sinensis. Ixia sinensis. Belamcanda sinensis.	*Chin.*
— irioïdes. M. orientalis, or.	*Lev.*
Muscari comosum.	*F.*
— botroïdes.	*F. m.*
— suaveolens.	Id.
— monstruosum.	Id.

N.

Napæa lævis. N. hermaphrodita.
Sida napæa. *Am. sept.*

Narcissus pseudo-narcissus, fleur double. *F.*

— poëticus, fleur simple. } *F. m.*

— — fleur double.

— jonquilla, fleur simple. } Id.

— — fleur double.

— graminifolius. Id.

— luteus. Id.

— tazetta. Id.

— odorus. Id.

— gouanii. Id.

— orange phœnix.

— stellatus. ?

— dubius. ?

NARTHECIUM caliculatum. Tofieldia palustris. Helonias borealis. *Alp.*

NEPETA tuberosa. N. multibracteata. *Esp.*

NYCTAGO longiflora. Mirabilis longiflora. *Mexique.*

NYMPÆA alba. *F.*

O.

ŒNOTHERA biennis. *Am. sept.*

— fruticosa. *Virg.*

— sinuata. *Am. sept.*

— tetraptera. *Mex.*

ONOCLEA sensibilis. *Virg.*

ONONIS rotundifolia. *Alp.*

OPHRYS ovata. Epipactis ovata. *F.*

— antropophora. Id.

— apiifera. Id.

Ophrys aranea.	Id.
— arachnites.	*Alp.*
Orchis robertiana.	*F. m.*
— militaris.	*F.*
— maculata.	Id.
— latifolia.	*Alp.*
— ?	
— ?	
— ?	
Origanum majoranoïdes.	*Orient.*
— variété. ?	
Ornithogalum umbellatum.	*F.*
— pyrenaïcum.	Id.
— luteum. O. minimum.	Id.
— pyramidale.	*F. m.*
— ?	
Orobus vernus.	*F. m.*
— luteus.	*Alp.*
— varius.	*Ita.*
— niger.	*Am. sept.*

ORUNTIUM japonicum.	
OSMUNDA crispa.	*Alp.*
OTNOHNA cheirifolia. O. calthoïdes.	*Afr.*
OXALIS acetosella.	*F.*
— stricta.	*Am. sept.*
— versicolor, or.	*Cap.*
— purpurea. O. speciosa, or.	Id.
— digitata.	

P.

PACHYSANDRA procumbens.	*Am. sept.*
PANCRATIUM maritimum.	*F. m.*
— parviflorum.	?
PARTHENIUM integrifolium.	*Virg.*
PAPAVER nudicaule.	*Alp.*

Papaver orientale. *Lev.*

— caucasium (superbe).

Parnassia palustris. P. communis. *F.*

Pedicularis foliosa. *Alp.*

— verticillata. Id.

Peltaria alliacea. Clypeola alliacea. *Aut.*

Phalangium liliago. *F.*

— liliastrum. *F. m.*

— ramosum. Id.

Phalaris arundinacea. *F.*

Phaseolus paniculatus. *Am. sept.*

Phellandrum mutellina. Æthusa mutellina. *Alp.*

Phlomis tuberosa. *Sib.*

Phlox divaricata. *Am. sept.*

— reptans. *Carol.*

— glaberrima. *Am. sept.*

— pilosa. *Virg.*

— ovata. *Am. sept.*

— caroliniana. *Carol.*

Phlox suaveolens. P. candida.	*Am. sept.*
— paniculata alba.	Id.
— maculata.	Id.
— subulata.	Id.
— suffruticosa.	Id.
— undulata.	Id.
— pyramidata.	Id.
— decussata.	Id.

Phyteuma spicatum.	*F.*
Physalis alkekengi.	*F.*
Phytolacca decandra.	*Virg.*
Pisum maritimum.	*F. m.*
Podalyria australis.	*Am. sept.*
— tinctoria.	Id.
Podophyllum palmatum.	*Am. sept.*
Pæonia officinalis fœmina.	*Alp.*
— — fleur rose double.	
— sub-alba double (elle est rosée).	
— humilis cramoisie, double.	

POEONIA albiflora, simple.	Sib.
— albiflora, double.	
— anomala.	Id.
— tenuifolia.	*Ukraine.*
— daurica.	
— glauca.	?
— peregrina.	?

POLEMONIUM cœruleum.	*Ang.*
— fleur blanche.	
— mexicanum.	*Mex.*
— POLYPODIUM virens.	*Alp.*
— dilatatum.	Id.
— tripteris.	Id.
— lonchitis.	Id.
— aculeatum.	Id.
PONTEDERIA cordata.	*Virg.*
POTENTILLA grandiflora.	*Alp.*
— taurica.	

Prenanthes alba.	*Am. sept.*
Primula veris. P. officinalis, 20 variétés.	*F.*
— — bleu ardoisé.	
— — pourpre double.	
— acaulis. P. grandiflora.	Id.
— jaune citron, fleur double.	
— lilas, fleur double.	
— blanche, fleur double.	
— prolifère blanche.	
— speciosa.	
— marginata.	*Alp.*
— integrifolia.	Id.
— farinosa.	Id.
— villosa.	Id.
— cortusoïdes.	*Sib.*
— auricula alpina.	*Alp.*
— auricula, 20 variétés, premier choix.	
— auricula, fleur jaune double.	
— auricula, fleur cramoisie doub.	

Primula palinuri.	?

Pulmonaria virginica. Mertensia.	*Virg.*
Pyrola rotundifolia.	*Alp.*
— virens.	Id.

Q.

R.

Ranunculus acris, fleur double.	*F.*
— repens, fleur double.	Id.
— bulbosus, fleur double.	Id.
— gramineus.	*F. m.*
— chœrophyllus.	Id.
— aconitifolius, fleur double.	*Alp.*
— nivalis.	Id.

RANUNCULUS alpestris.	*Alp.*
— platanifolius.	Id.
— asiaticus, variétés.	
RHEUM hybridum.	*Lev.*
RHEXIA virginica.	*Virg.*
RHODIOLA rosea.	*F. m.*
RUDBECKIA purpurea.	*Am. sept.*
— laciniata.	} Id.
— pinnata.	
— hirta.	*Virg.*

S.

SANGUINARIA canadensis.	
SANGUISORBA media.	*Can.*
— canadensis.	Id.
SANSEVERIA carnea.	?
SAPONARIA officinalis, fleur double.	*F.*

SARRACENIA purpurea.	*Am. m.*
SATYRIUM hircinum.	*F. m.*
SAUSUREA alpina.	
SAXIFRAGA granulata, fleur double.	*F.*
— oppositifolia.	*Alp.*
— umbrosa.	Id.
— cæsia.	Id.
— aïzoïdes. S. automnalis.	Id.
— ayzon.	Id.
— controversa.	Id.
— crassifolia.	*Sib.*

SCABIOSA alpina.

— caucasica.

— atro-purpurea.

SCILLA bifolia.	*F.*
— automnalis.	Id.
— amœna.	Id.
— maritima.	*F. m.*

SCILLA verna.	*Ang.*
— hyacinthoïdes.	*Madère.*
— undulata.	*Mont Atlas.*
— peruviana.	*Pérou.*
— italica.	*Ita.*
SCOLOPENDRIUM officinale.	*F.*
SCUTELLARIA alpina.	
— columnæ.	?
SEDUM telephium.	*R.*
— reflexum.	Id.
— rupestre.	*F. m.*
— anacampseros longifolium.	Id.
— spurium.	*Caucase.*
SEMPERVIVUM tectorum.	*F.*
— arachneïdeum.	*Alp.*
SENECIO doria.	*Aut.*
— elegans violet double.	} *Afr.*
— — blanc double.	}
SEPTAS capensis, or.	*Cap.*

SERAPIAS latifolia. Epipactis latifolia. *F. m.*

SERRATULA tinctoria. *Alp.*

— spicata. Liatris macrostachia. *Am. sept.*

— noveboracensis. Chrysocoma noveboracensis. Id.

SESELI tortuosum. *F. m.*

SILENE italica. *Ita.*

— fruticosa. *Sicile.*

SILPHIUM perfoliatum. *Am. sept.*

— laciniatum. Id.

— terebinthinaceum. Id.

SISYRYNCHIUM striatum. S. spicatum. S. reticulatum. Moræa serrata. *Iles Bermudes.*

— tenuifolium. ?

SOLDANELLA alpina.

SOLIDAGO altissima. *Am. sept.*

— canadensis.

— sempervirens. Id.

— aspera. Id.

— rigida. *Am. sept.*

— procera. Id.

— lœvigata. Id.

— lanceolata. S. graminifolia. Chrysocoma graminifolia. Id.

— mexicana.

— de Corse. ?

— argentea. ?

SOPHORA alopecuroïdes. *Lev.*

SPIGELIA marylandica. S. lonicera. *Am. sept.*

SPIRÆA ulmania, fleur double. *F.*

— filipendula, fleur double. Id.

— lobata. *Sib.*

— aruncus. Id.

— trifoliata. *Am. sept.*

STACHYS intermedia. *Carol.*

— lanata. S. sibirica. *Sib.*

— purpurea. ?

STATICE cœspitosa. S. arenaria. S. montana. *Alp.*

STATICE tartarica. S. trigonoïdes. *Sib.*

— sinuata. S. ægyptiaca. *Esp.*

STIPA pennata. *F.*

SWERTIA perennis. *Alp.*

T.

TABERNÆMONTANA amsonia. Amsonia latifolia. *Am. sept.*

TAGETES lucida. *Am. m.*

TANACETUM vulgare. *F.*

TEUCRIUM flavum. *F. m.*

— montanum. *Alp.*

— hircanicum. *Perse.*

— orientale. *Lev.*

— marum. *Esp.*

THALICTRUM aquilegifolium. T. atropurpureum. *Alp.*

— speciosum. T. flavum speciosum.

Tigridia pavonia, or. *Mex.*

Tradescantia virginica.
— à fleur blanche.

— rosea. *Carol.*

Trifolium lupinaster. *Sib.*

— alpinum.

Trillium sessile. *Am. sept.*

Tripsacum dactyloïdes. *Virg.*

Trollius europeus. *Alp.*

— asiaticus. *Sib.*

Tulipa sylvestris. *F. m.*
— — à fleur double.

— Celsiana. Id.

— clusiana. *Perse.*

— suaveolens.

— Gesneriana, 100 variétés, premier choix.
— à fleur double.
— à fleur double blanche.

Tulipa monstruosa.	
Tussilago fragrans.	*Alp.*
— alpina.	Id.

U.

Urospermum dalechampii.	*F. m.*
Urtica nivea.	*Chin.*
Uvularia amplexifolia.	*Alp.*
— perfoliata. U. grandiflora.	Id.

V.

Valeriana rubra.	} *F. m.*
— à fleur blanche.	
— supina (très-rare).	*Alp.*
— Phu.	*All.*
Veratrum album.	*F. m.*
— nigrum.	*Alp.*
Verbascum phœniceum.	*Eur. m.*
— micony. Ramonda pyrenaïca.	*Pyr.*

VERBENNA aubletia. Buchnera canadensis.	*Can.*
— carolina.	*Carol.*
VERONICA spicata.	*F.*
— fruticulosa.	*Alp.*
— bellidioïdes.	Id.
— saxatilis.	Id.
— incana.	*Rus.*
— maritima.	Id.
— foliosa.	?
— pinnata.	*Sib.*
— virginica.	
— à fleur blanche.	?
— à fleur rose.	?
— gentianoïdes.	*Caucase.*
— Michauxia.	*Am. sept.*

VIOLA odorata, bleue double.	*F.*
— — blanche, double.	
— double, noir pourpre.	
— rose double.	

— de Parme.

— de septembre. ?

— canina. *F.*

— glauca. *Alp.*

— calcarata lutea. Id.

— montana. Id.

— rothomagensis. V. hispida. *F.*

— speciosa. ?

— palmata. *Am. sept.*

— pedata. Id.

— cucullata. Id.

— obliqua. Id.

W.

WACHENDORFIA thyrsiflora, or. *Cap.*

Z.

ZYGOPHYLLUM fabago. *Syrie.*

TABLE

Des synonymes des genres contenus dans ce Catalogue.

Clorodendron. V. *Volkameria.*
Clypeola. V. *Peltaria.*
Coccoloba. V. *Polygonum.*
Corydalis. V. *Fumaria.*
Crinum angustifolium. V. *Cyrtanthus.*
Crinum. V. *Agapanthus.*
Cyssus hederacea. V. *Vitis.*
Cytisus candicans. V. *Genista.*

D.

Dorycnium. V. *Lotus.*

E.

Ehretia. V. *Lycium.*
Epipactis. V. *Ophrys* et *Serapias.*
Edwartia. V. *Sophora.*

F.

Fagus pumila. V. *Castanea.*
Forsythia, V. *Decumaria.*
Franklinia. V. *Gordonia.*

G.

Georgina. V. *Dahlia.*
Guilandina. V. *Gymnocladus.*

H.

Hedera quinquefolia. V. *Vitis.*
Helonias borealis. V. *Narthecium.*

J.

Jacoboea. V. *Cineraria.*

L.

M.

O.

P.

R.

S.

FIN.

www.ingramcontent.com/pod-product-compliance
Ingram Content Group UK Ltd.
Pitfield, Milton Keynes, MK11 3LW, UK
UKHW021055260726
13994UKWH00002B/539

9 782329 458816